MathStart®

洛克数学启蒙 ④

MathStart®
洛克数学启蒙 **4**

波莉的笔友

[美]斯图尔特·J.墨菲 文   [美]里米·西马德 图   静博 译

海峡出版发行集团 THE STRAITS PUBLISHING & DISTRIBUTING GROUP 福建少年儿童出版社 FUJIAN CHILDREN'S PUBLISHING HOUSE

公制单位

献给阿诺德·海尼恩，我的内部加拿大顾问。

——斯图尔特·J.墨菲

献给哈丽雅特。

——里米·西马德

著作权合同登记号：图字 13–2023–038号

图书在版编目（CIP）数据

洛克数学启蒙. 4. 波莉的笔友 / (美) 斯图尔特·
J.墨菲文；(美) 里米·西马德图；静博译. –– 福州：
福建少年儿童出版社，2023.9
ISBN 978-7-5395-8246-7

Ⅰ.①洛… Ⅱ.①斯… ②里… ③静… Ⅲ.①数学 –
儿童读物 Ⅳ.①O1-49

中国国家版本馆CIP数据核字(2023)第074398号

LUOKE SHUXUE QIMENG 4·BOLI DE BIYOU
洛克数学启蒙4·波莉的笔友

著　　者：[美]斯图尔特·J.墨菲　文　[美]里米·西马德　图　静博　译
出 版 人：陈远　出版发行：福建少年儿童出版社　http://www.fjcp.com　e-mail:fcph@fjcp.com　社址：福州市东水路 76 号 17 层（邮编：350001）
选题策划：洛克博克　责任编辑：邓涛　助理编辑：陈若芸　特约编辑：刘丹亭　美术设计：翠翠　电话：010-53606116（发行部）　印刷：北京利丰雅高长城印刷有限公司
开　　本：889 毫米 ×1092 毫米　1/16　印张：2.5　版次：2023 年 9 月第 1 版　印次：2023 年 9 月第 1 次印刷　ISBN 978-7-5395-8246-7　定价：24.80 元

波莉的笔友

收件人：艾莉

主题：笔友

亲爱的艾莉：

你好！

我的老师把你的电子邮箱地址给了我，这样我们就可以成为笔友了。太酷了！老师说，虽然你住在加拿大，我住在美国，但我们有很多共同点。我们都是8岁，名字里都有一个"莉"字。我的真名叫普莉希拉，不过大家都叫我波莉。艾莉是艾莉逊的简称，对吗？除了名字，我们还有其他相像的地方吗？我喜欢打垒球，你呢？

你的朋友
波莉

"我交了一个新笔友。"波莉对家人说，"我已经给她写信了。她住在加拿大的蒙特利尔。我的老师说，结交外国笔友可以让我学到很多东西。"
　　"过阵子我要去蒙特利尔出差，"爸爸说，"也许我可以带你去见见这个笔友。"

"波莉，你有一封新邮件。"第二天，妈妈对波莉说。
"让我看看。"波莉说。

收件人：波莉

主题：笔友

亲爱的波莉：

　　太神奇了！我可以确定我们有很多相似之处。只是相比于打垒球，我更喜欢读关于马的书。我最喜欢的颜色是紫色，你呢？我有一个妹妹和一个弟弟，还有一只猫。你有兄弟姐妹或者宠物吗？我的身高是125厘米，你呢？

你的新朋友
艾莉

　　另外，告诉我你的地址，我要给你寄一张我的照片，还要附上一张便条——是用真正的笔写的哟！

"爸爸，她比我高吗？我的身高是多少厘米？"
波莉收到信后就去问爸爸。

让我看看。我的棒球棍大约是1米长，也就是100厘米。它的 $\frac{1}{4}$ 就是25厘米。

波莉急匆匆地开始回邮件。

收件人：艾莉

主题：几乎相同

艾莉：

　　你好！

　　真不敢相信，我们居然有这么多相似之处。我没有兄弟姐妹，但我有一只猫。你知道吗？我的垒球服就是紫色的！爸爸说，我的身高差不多也是125厘米。你的体重是多少呢？

　　　　　　　　　　　　　　　你的好友

　　　　　　　　　　　　　　　波莉·罗曼诺

　　　　　　　　　　　　　　（我是半个意大利人）

波莉每天参加完垒球训练回到家，就会查看门口的邮筒。终于有一天，她收到了一个大大的信封，是艾莉逊·勒米厄寄来的。

波莉匆忙跑进房间，拆开信封。

波莉:
　　你好!
　　我也有意大利血统! 此外, 我还有部
分荷兰血统和法国血统, 所以我的姓氏来
自法国。 我的体重是25千克。 你也给我寄
几张你的照片吧。

你的真笔友
艾莉

波莉跑到屋后的花园，把照片拿给爸爸看。

我打赌，我的体重差不多也是25千克。

嗯，你和艾莉的体重大概只相差1到2千克。1千克等于1000克，1克差不多就是一片叶子的重量。

这时，爸爸突然宣布了一个惊喜。"没想到吧？"他说，"我下周就要去蒙特利尔出差。我写信向旅行社咨询，他们寄给我一张地图，还帮我找到一家离艾莉家很近的酒店。你想跟我一起去吗？"

　　"太好了！我可以见到艾莉了！"波莉兴奋地喊道。她赶紧冲到电脑旁写邮件，把这个好消息分享给艾莉。

过了一会儿，波莉和爸爸开始看地图，发现他们目前距离蒙特利尔大约450千米。"1千米是多长呢？"波莉问。

"1千米等于1000米。"爸爸说，"你看，我们住在离学校5个街区的地方，这个距离大概是1千米。"

加拿大

蒙特利尔市

纽约州

波莉的家

美国

大西洋

0   100   200   300   400   500 千米

　　一周后，波莉和爸爸出发去了蒙特利尔。他们很快穿过边境，进入了加拿大，然后停下来给汽车加油。"油箱快空了，"爸爸说，"我需要加好几升油呢。"

23

到达蒙特利尔的酒店后，波莉迫不及待地站到体重秤上。体重秤显示她的体重是26千克。

"几乎和艾莉一样重呢。"她说。

波莉的爸爸拿出手机，让她给艾莉打电话。"我到蒙特利尔了。"波莉兴奋地说。

"太好了！"艾莉说，"我把来我家的路线告诉你，你记一下。"

波莉和爸爸并没在纸上标记路线，而是匆匆来到了酒店外。
"首先，"艾莉说，"出了酒店大门向左转，大约走100米。
1米差不多是我走2步的距离。"

100米大概需要走200步。

　　波莉和爸爸一边走一边听艾莉说着路线。"你会路过一家玩具店和一家冰激凌店。"艾莉说，"然后你们就来到了街道的拐角处。"波莉抬头看了一下，点点头。

"向左转，再走约60米，"艾莉继续说，"你会看到一栋灰色的房子。沿着人行道往前走，然后就到我家门口啦。"

"好的，"波莉说，"我想我知道该怎么走了。"

"太好了，"艾莉说，"你大概什么时候能到？哎呀，门铃响了！稍等，我马上回来。"

写给家长和孩子

　　《波莉的笔友》所涉及的数学概念是公制单位。要想帮助孩子熟悉常用的公制单位，很重要的一点就是将它们与日常生活中的物品联系起来。例如，1厘米约等于小指的宽度。

　　对于《波莉的笔友》所呈现的数学概念，如果你们想从中获得更多乐趣，有以下几条建议：

　　1. 和孩子一起读故事，并列出波莉和艾莉的相似之处。

　　2. 在这个故事中，棒球棍的长度被用来作为1米的近似量。看看你能不能在家中找到更多1米的近似量，也许你家餐边柜的高度差不多就是1米。

　　3. 1千克的近似量可能是1根棒球棍或1个大柚子的重量。让孩子感受其中一个物体的重量，然后将它跟铁块、袜子、糖果等其他物体进行比较，并由此判断其他物体的重量是大于1千克还是小于1千克。

　　4. 取一把带厘米刻度的尺子，让孩子量一量家里日常用品的长度或高度。

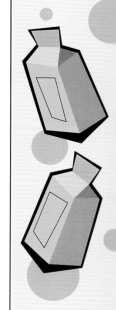

如果你想将本书中的数学概念扩展到孩子的日常生活中，可以参考以下这些游戏活动：

1. 身体数据：让孩子躺在一张大纸或报纸上，用记号笔画出他身体的轮廓。以厘米为单位，帮助孩子测量出自己的身高，胳膊、腿的长度，以及一根小指的长度。以千克为单位，用体重秤测量出孩子的体重。画一个图表，将这些测量数据记录下来。

2. 骑行估算：找一条当地学校的跑道（大多数跑道一圈是400米），绕着跑道骑行2圈半，让孩子感受1千米有多长。下次骑车时，让孩子估计一下自己骑了多少千米（如果骑行距离不足1千米，可以估算一下它大概是1千米的几分之几）。

3. 寻宝游戏：把绳子剪成几根长度为10厘米的小段。和孩子们玩游戏时，把绳子分发给孩子们，让他们找一找哪些物体大约有10厘米长。谁先找到5个符合条件的物体，谁就是赢家。

洛克数学启蒙

《虫虫大游行》	比较
《超人麦迪》	比较轻重
《一双袜子》	配对
《马戏团里的形状》	认识形状
《虫虫爱跳舞》	方位
《宇宙无敌舰长》	立体图形
《手套不见了》	奇数和偶数
《跳跃的蜥蜴》	按群计数
《车上的动物们》	加法
《怪兽音乐椅》	减法

《小小消防员》	分类
《1、2、3，茄子》	数字排序
《酷炫100天》	认识1~100
《嘀嘀，小汽车来了》	认识规律
《最棒的假期》	收集数据
《时间到了》	认识时间
《大了还是小了》	数字比较
《会数数的奥马利》	计数
《全部加一倍》	倍数
《狂欢购物节》	巧算加法

《人人都有蓝莓派》	加法进位
《鲨鱼游泳训练营》	两位数减法
《跳跳猴的游行》	按群计数
《袋鼠专属任务》	乘法算式
《给我分一半》	认识对半平分
《开心嘉年华》	除法
《地球日，万岁》	位值
《起床出发了》	认识时间线
《打喷嚏的马》	预测
《谁猜得对》	估算

《我的比较好》	面积
《小胡椒大事记》	认识日历
《柠檬汁特卖》	条形统计图
《圣代冰激凌》	排列组合
《波莉的笔友》	公制单位
《自行车环行赛》	周长
《也许是开心果》	概率
《比零还少》	负数
《灰熊日报》	百分比
《比赛时间到》	时间